LOS TIBURONES

Ranger Rick

Zoobooks

Riveting Reads es publicado por Black Rabbit Books
P.O. Box 227
Mankato, MN 56002

Los datos de catalogación en publicación están archivados
en la Biblioteca del Congreso.
ISBN 978-1-64582-791-7

Serie creada y escrita por John Bonnett Wexo
Consultores científicos originales: Mike Shaw, Curator of Fishes, Retired, SeaWorld San Diego; Raymond S. Keyes; John E. McCosker, Ph.D., California Academy of Sciences

Créditos fotográficos

Cover: WaterFrame (Alamy Images); Pages 4–5: Royalty Free (Alamy Images); Page 6: Top Left, Royalty Free (Inmagine); Top Right, Jeff Rotman (Alamy Images); Bottom, www.pqpictures.co.uk (Alamy Images); Page 9: Royalty Free (Alamy Images); Page 10: Bottom Left and Top Right, Med Beauregard (PPS); Bottom Right, Royalty Free (Veer); Page 11: Med Beauregard (PPS); Page 12: Top, David Doubilet (Undersea Images, Inc.); Middle Right, Michael Patrick O'Neill (Science Source); Bottom, Royalty Free (Alamy Images); Page 13: Top Left, Royalty Free (Veer); Middle Right, Royalty Free (Alamy Images); Page 14: Top Right, Royalty Free (Alamy Images); Middle Left, Bob Evans (Peter Arnold, Inc.); Page 15: Royalty Free (Inmagine); Page 16: Bottom Left, Med Beauregard (PPS); Page 17: Med Beauregard (PPS); Page 19: Royalty Free (Inmagine); Page 20: Royalty Free (Corbis).

Créditos de arte

Pages 6 and 7: Barbara Hoopes; Page 6: Bottom Left and Right, Walter Stuart; Page 7: Top Middle, Top Right, and Middle Right, Walter Stuart; Pages 8 and 9: Barbara Hoopes; Page 9: Bottom Left, Walter Stuart; Pages 10 and 11: Barbara Hoopes; Page 10: Top Left, Walter Stuart; Page 11: Top Right, Walter Stuart; Pages 12 and 13: Barbara Hoopes; Pages 14 and 15: Barbara Hoopes; Page 14: Bottom, Walter Stuart; Page 15: Top Left and Bottom, Walter Stuart; Pages 16 and 17: Walter Stuart; Page 18: Barbara Hoopes; Page 19: Walter Stuart.

Impreso en China

EN LA PORTADA: Un tiburón oceánico de puntas blancas. No verás este tiburón en peligro crítico de extinción en la playa, porque prefieren la vida en mar abierto. Les gusta nadar en la superficie y son muy curiosos.

CONTENIDO

Un fósil viviente 4

Diferente de otros peces . . . 6

Sentidos agudos 8

Dientes como navajas 10

Tantas especies 12

Datos curiosos 14

Historias de miedo 16

Todas las formas y tamaños. . 18

Zooworks. 22

Glosario 23

Índice 24

Los tiburones existen desde hace mucho, mucho tiempo. Los primeros tiburones vivieron hace más de 400 millones de años, antes de que animales de cualquier tipo caminaran sobre la Tierra. ¡Eso los hace más antiguos que los dinosaurios!

En todo ese tiempo, han cambiado muy poco. Algunos tiburones que viven hoy en día se parecen mucho a los primeros tiburones. Incluso los tiburones blancos de hoy se parecen a los tiburones que vivieron durante la época de los dinosaurios. En cierto modo, cuando miras un tiburón, estás mirando un fósil viviente.

Sabemos de más de 500 especies diferentes (o tipos) de tiburones. Casi todos son ***carnívoros***, o comedores de carne. Generalmente atrapan sus presas con los dientes. Pero tres de los tiburones más grandes capturan su alimento de manera muy diferente. Tienen almohadillas especiales en la boca que filtran millones de pequeños animales del agua. Las ballenas más grandes también hacen algo parecido. De hecho, el tiburón más grande de todos se llama tiburón ballena. Se alimenta de animales diminutos que son más pequeños que una uña.

La mayoría de las personas tiene un miedo saludable a los tiburones. Pero cuanto más aprendes sobre ellos, más descubres lo verdaderamente extraordinarios que son. Como verás, los tiburones están llenos de sorpresas.

El tiburón ballena es el pez más grande del mundo. Puede medir hasta 60 pies (18 m) de largo. Su boca sola puede medir hasta 5 pies (1.5 m) de ancho. Con una boca tan grande, puede levantar una gran cantidad de plancton diminuto, que es su principal fuente de alimento.

¡Ni con una lupa se puede ver que este tiburón ballena tiene alrededor de 300 filas de dientes muy pequeñitos! ¿Para qué sirven? Nadie lo sabe.

Los tiburones son diferentes de la mayoría de los otros peces. De hecho, son tan diferentes en tantos aspectos que algunos científicos se han preguntado si a los tiburones se los debería siquiera llamar "peces".

Una de las mayores diferencias son los esqueletos de los tiburones y otros peces. La mayoría de los peces tienen esqueletos formados por huesos, como el tuyo. Por eso se los llama ***peces óseos***. Pero los tiburones no tienen huesos en sus cuerpos. En cambio, sus esqueletos están hechos de cartílago, un material duro y resistente que es más fácil de doblar que el hueso. Por esta razón, a los tiburones y sus parientes cercanos se los llama ***peces cartilaginosos***.

En estas páginas se muestran algunas otras diferencias entre los tiburones y los peces óseos.

Los peces normalmente no tienen párpados, pero algunos tiburones tienen ***tres***. Tienen un párpado superior y uno inferior, como los humanos, y un tercer párpado que cubre todo el ojo y lo protege.

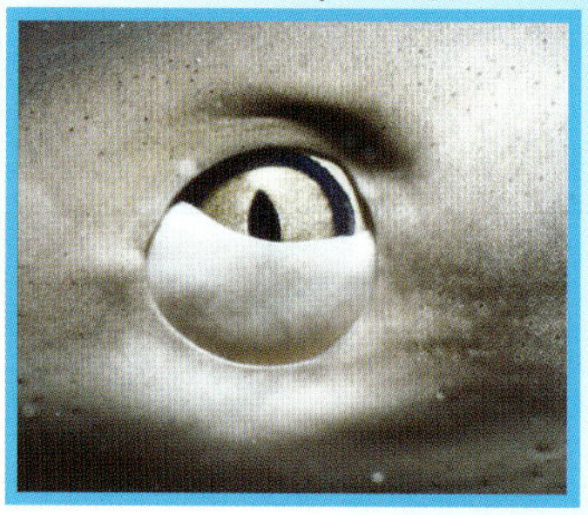

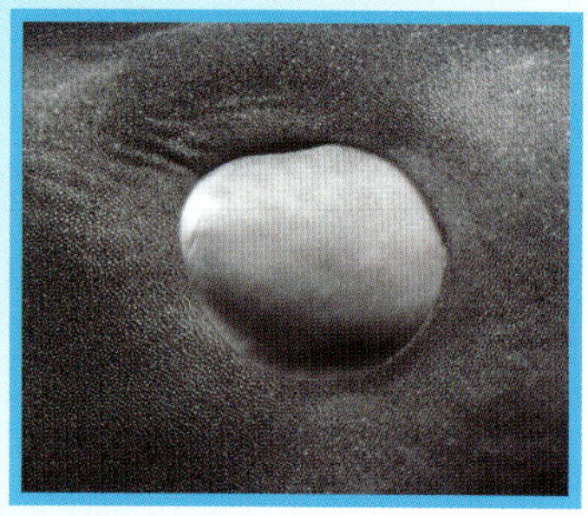

Para nadar, la mayoría de los peces tienen que menear todo su cuerpo de un lado a otro. Pero un tiburón obtiene la mayor parte de su energía únicamente de la aleta trasera. Se llama ***aleta caudal***. Algunos tiburones grandes pueden nadar muy rápido, hasta 40 millas (65 km) por hora.

Los tiburones se hunden cuando dejan de nadar. La mayoría de los peces pueden permanecer en el agua sin nadar porque tienen vejigas natatorias. La vejiga natatoria es como un globo dentro del cuerpo de un pez. Cuando está llena de aire u otro gas, la vejiga tiende a flotar hacia la superficie del agua. Cuando un pez siente que se hunde, lo único que tiene que hacer es añadir gas a la vejiga natatoria. El gas eleva al pez (1) cuando el peso del pez de otra manera lo habría tirado hacia abajo (2). Ahora el pez puede mantener su posición en el agua.

Los tiburones no tienen vejigas natatorias que los ayuden a mantenerse en el agua. Para no hundirse, deben nadar siempre en dirección ligeramente ascendente. Si dejan de nadar, el peso de sus cuerpos (3) los arrastra hacia el fondo.

Los cuerpos de los peces están cubiertos de escamas lisas, pero los tiburones están cubiertos de una piel muy áspera. Puedes cortarte al frotarlo. Esto se debe a que la piel tiene muchos dientes pequeños. Los dientes diminutos se llaman ***dentículos***.

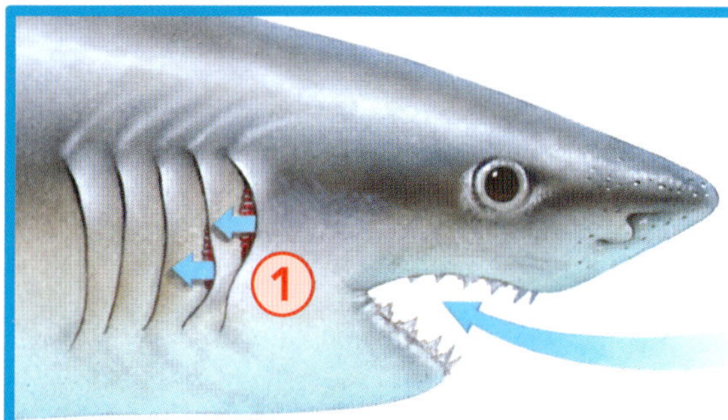

Los tiburones utilizan sus branquias para "respirar" oxígeno del agua, al igual que otros peces. Para iniciar el proceso, un tiburón deja entrar agua por la boca y la deja pasar por sus branquias (1).

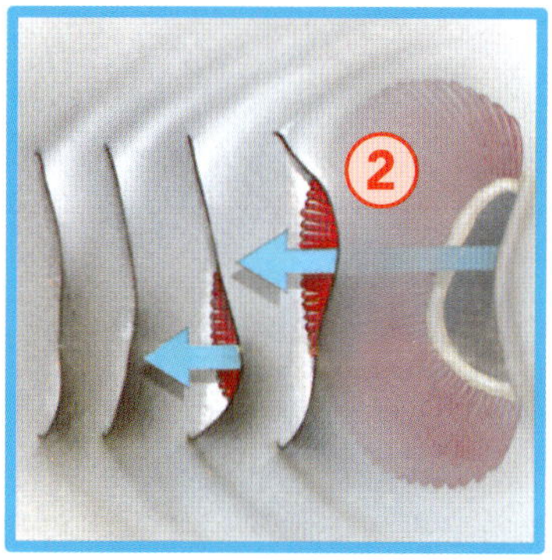

La mayoría de los peces sólo tienen una abertura branquial para dejar salir el agua, pero los tiburones suelen tener cinco. Algunos tiburones tienen seis o siete. A medida que el agua pasa por las branquias (2), toca muchos vasos sanguíneos pequeños.

La mayor parte del agua del mar contiene oxígeno. A medida que el agua toca los vasos sanguíneos, el oxígeno pasa del agua a la sangre del tiburón (3). Esto es similar a la forma en que tus pulmones introducen oxígeno en ***tu*** sangre.

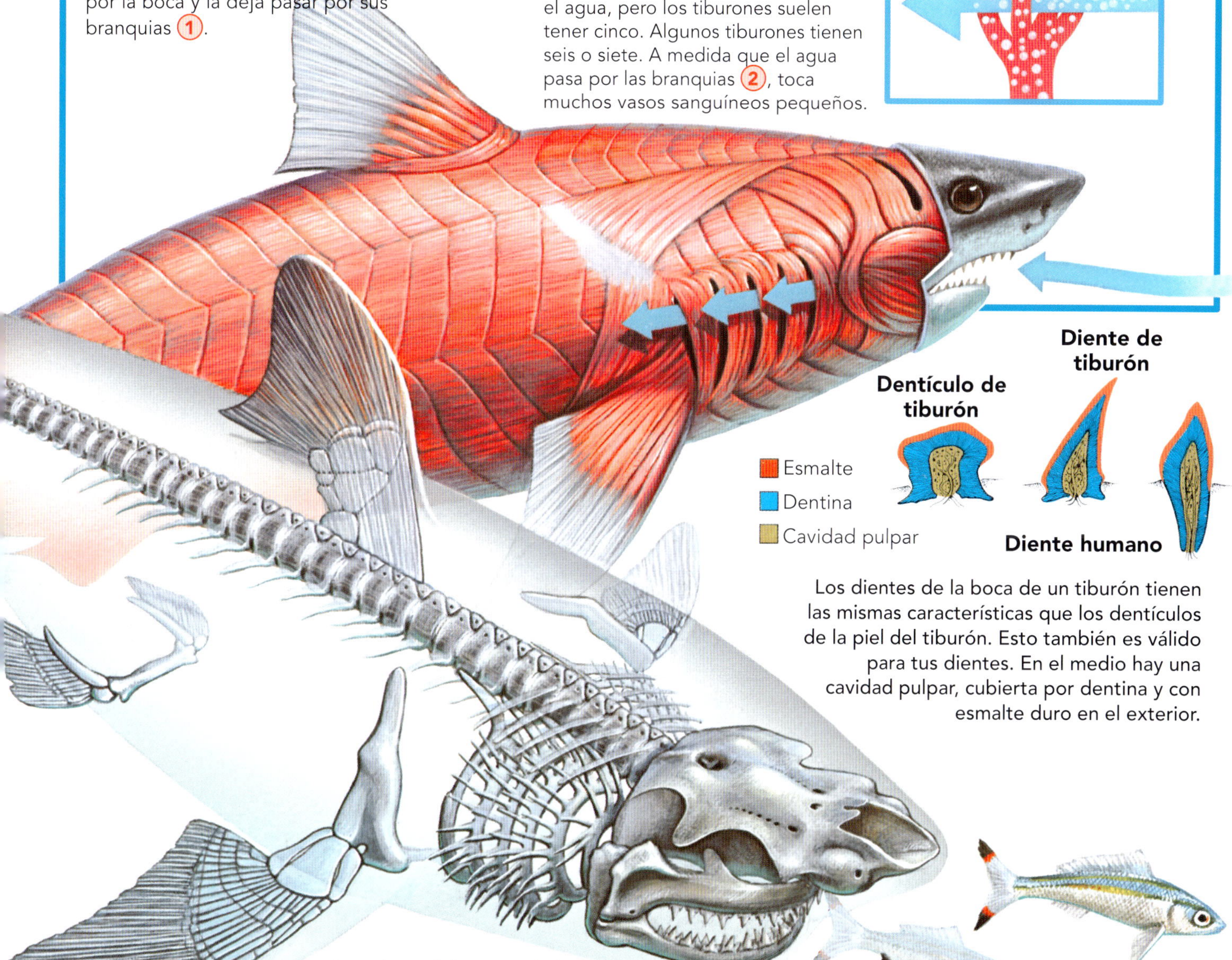

Los dientes de la boca de un tiburón tienen las mismas características que los dentículos de la piel del tiburón. Esto también es válido para tus dientes. En el medio hay una cavidad pulpar, cubierta por dentina y con esmalte duro en el exterior.

Las aletas delanteras de la mayoría de los peces son flexibles y pueden moverse en muchas direcciones diferentes. Pero las aletas delanteras de la mayoría de los tiburones son rígidas y sólo pueden moverse en unas pocas direcciones. Se llaman ***aletas pectorales***. Están reforzadas con varillas de cartílago y son muy resistentes. Los bordes son muy afilados. Cambiando el ángulo de estas aletas, un tiburón puede nadar hacia arriba o hacia abajo.

Tiburón tigre

Unos sentidos maravillosos ayudan a los tiburones a encontrar su presa. Pocos animales pueden localizar a sus presas y rastrearlas tan bien como lo hace un tiburón. Un tiburón puede saber dónde encontrar una presa incluso en la oscuridad total. Puede saber cuando la presa está herida. ¡Y puede incluso encontrar presas enterradas bajo la arena!

Los tiburones son muy sensibles a todo lo que sucede en el agua que los rodea. Y pueden reaccionar muy rápidamente a lo que les dicen sus sentidos.

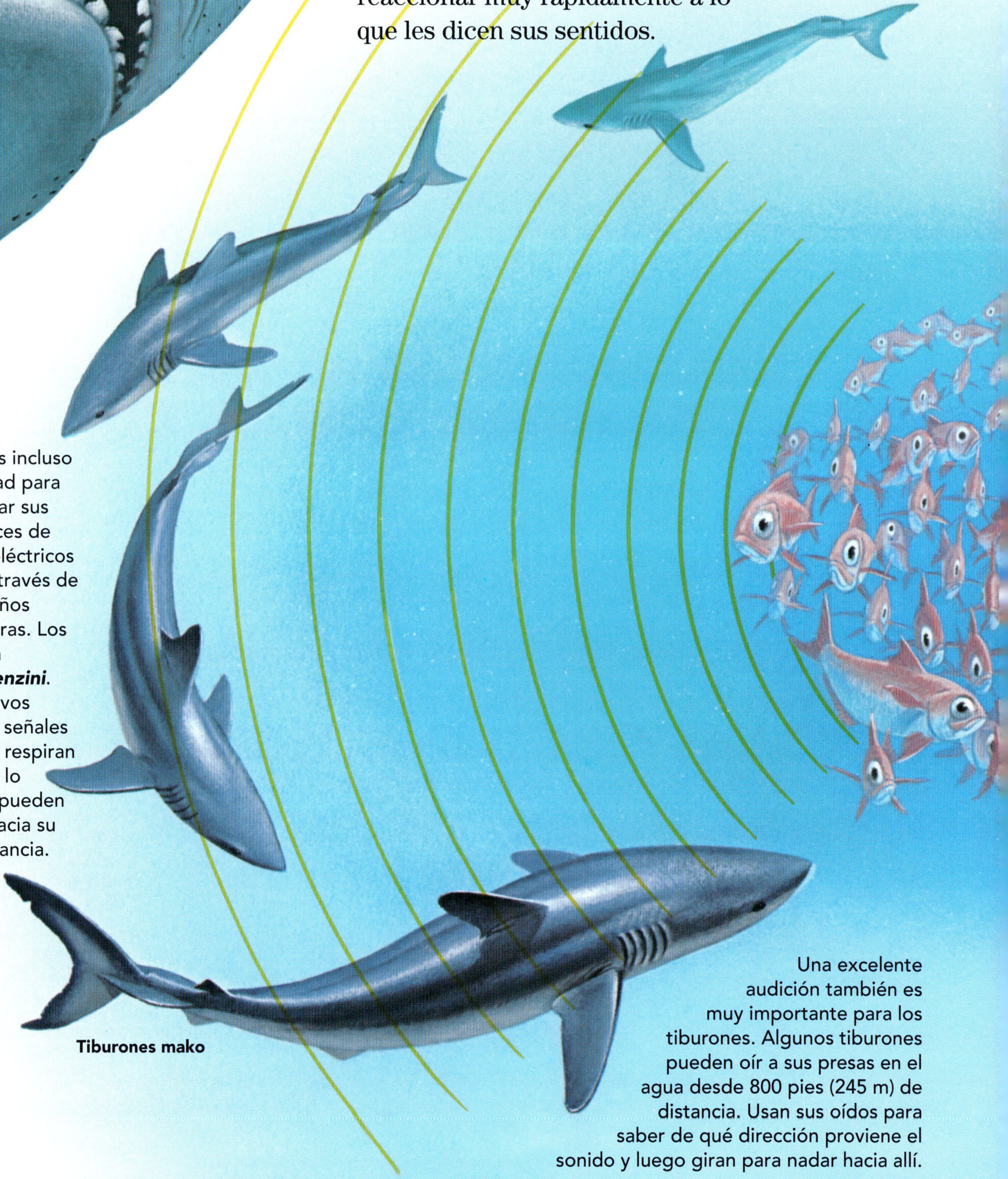

Tiburones mako

Algunos tiburones incluso utilizan electricidad para ayudarlos a atrapar sus presas. Son capaces de captar impulsos eléctricos muy pequeños a través de cientos de pequeños orificios en sus caras. Los orificios se llaman ***ampollas de Lorenzini***. Todos los seres vivos emiten pequeñas señales eléctricas cuando respiran o se mueven, por lo que las ampollas pueden guiar al tiburón hacia su presa a corta distancia.

Una excelente audición también es muy importante para los tiburones. Algunos tiburones pueden oír a sus presas en el agua desde 800 pies (245 m) de distancia. Usan sus oídos para saber de qué dirección proviene el sonido y luego giran para nadar hacia allí.

A los lados de su cuerpo, los tiburones tienen líneas de pequeños orificios que detectan pequeños movimientos en el agua. Se llaman ***órganos de la línea lateral***. Cuando los peces nadan cerca, el movimiento de sus cuerpos hace que el agua se mueva un poco. Los órganos de la línea lateral captan estos movimientos y el tiburón sabe dónde están los peces, incluso si no puede verlos.

Tiburón martillo común

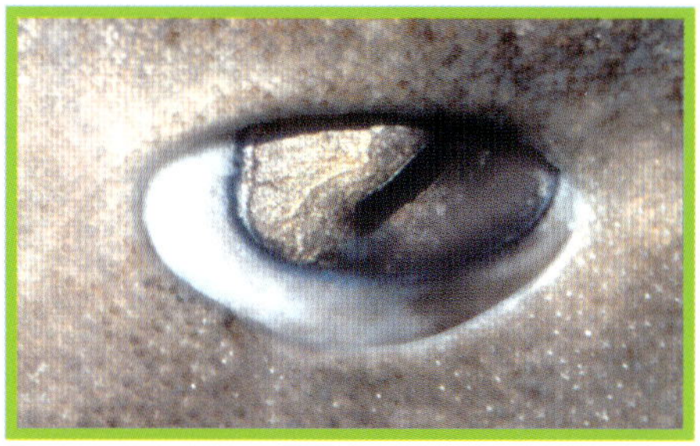

Los ojos de los tiburones están hechos para ver cosas bajo el agua, donde la luz puede ser muy tenue. Cuando un tiburón se acerca a su presa, los ojos trabajan con todos los demás sentidos para ayudar a guiar el ataque.

A los tiburones se los llama "narices nadadoras" porque su sentido del olfato es muy bueno. Algunas especies de tiburones pueden oler una parte de sangre en 100 millones de partes de agua. Y girando la cabeza de un lado a otro, pueden determinar de qué dirección proviene un olor.

Una mirada al cerebro de un tiburón te dirá lo importante que es el olfato para encontrar presas.

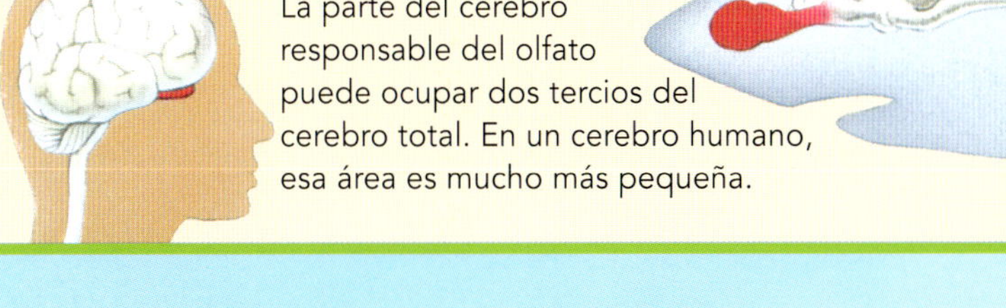

La parte del cerebro responsable del olfato puede ocupar dos tercios del cerebro total. En un cerebro humano, esa área es mucho más pequeña.

Las mandíbulas y los dientes pueden ser las primeras cosas que nos vienen a la mente cuando alguien dice ***tiburones***. La mayoría de los tiburones ciertamente tienen mandíbulas poderosas, repletas de muchos dientes afilados. Algunos tiburones pueden morder con tanta fuerza que pueden cortar un trozo grueso de acero. Y algunos tiburones tienen cientos de dientes que pueden cortar como navajas.

Pero los tiburones en realidad no usan sus mandíbulas tan a menudo como la gente podría pensar. Después de que un tiburón grande ha tenido una buena comida, puede pasar un mes o más antes de que vuelva a comer. Al igual que los leones o los lobos, los tiburones generalmente matan sólo cuando tienen hambre, y esto no sucede muy a menudo.

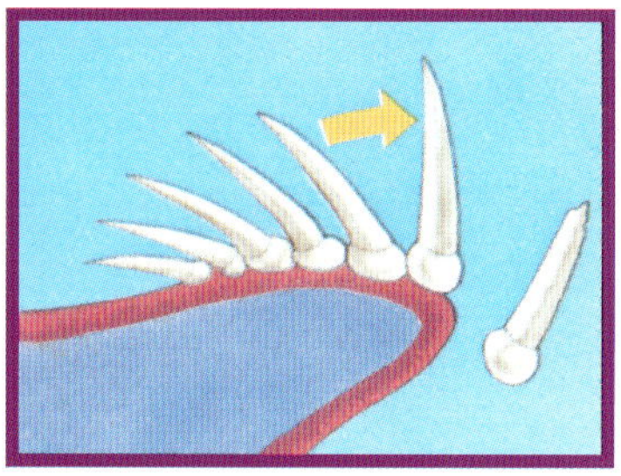

Los tiburones pierden los dientes todo el tiempo. Los dientes no están firmemente fijados en la mandíbula como los tuyos. Cada vez que un tiburón muerde algo duro, puede perder un diente. Pero esto no es un problema para el tiburón, porque los dientes nuevos crecen muy rápido. A veces, sólo pasan 24 horas hasta que crece un diente nuevo.

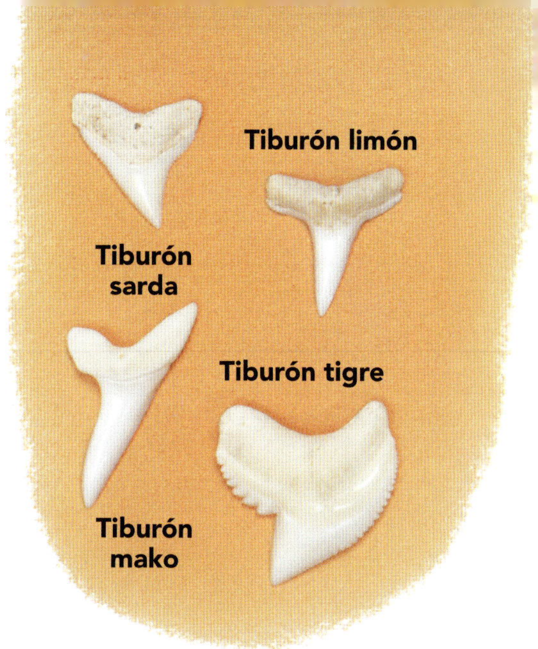

Los diferentes tipos de tiburones tienen dientes de diferentes formas. De hecho, un experto puede determinar de qué tipo de tiburón proviene un diente según su forma. En general, la forma del diente de un tiburón sugiere el tipo de alimento que come y su forma de cazar.

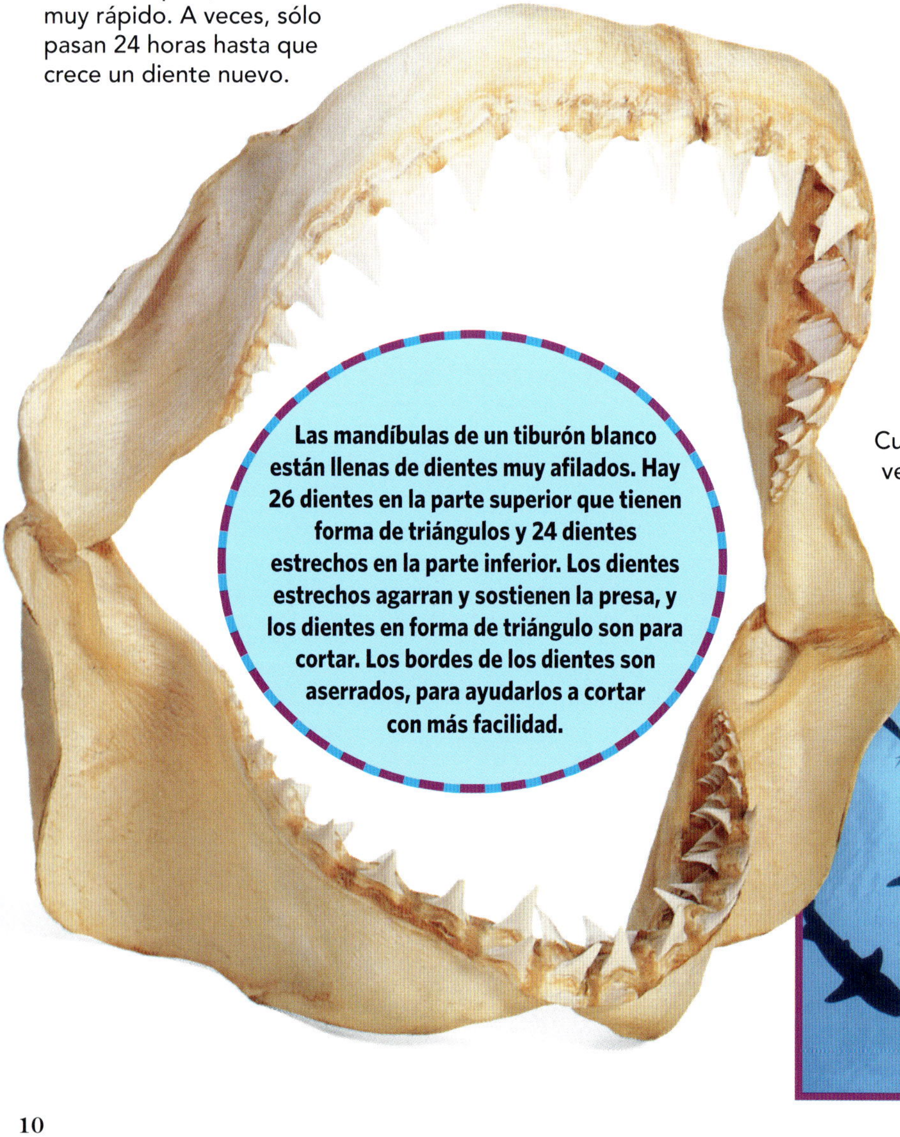

Las mandíbulas de un tiburón blanco están llenas de dientes muy afilados. Hay 26 dientes en la parte superior que tienen forma de triángulos y 24 dientes estrechos en la parte inferior. Los dientes estrechos agarran y sostienen la presa, y los dientes en forma de triángulo son para cortar. Los bordes de los dientes son aserrados, para ayudarlos a cortar con más facilidad.

Cuando los tiburones se alimentan en grupos, a veces parece que se vuelven locos. Nadie sabe con certeza por qué lo hacen, pero muerden todo lo que ven, incluidos otros tiburones y hasta ellos mismos. Este comportamiento se llama ***frenesí alimentario***.

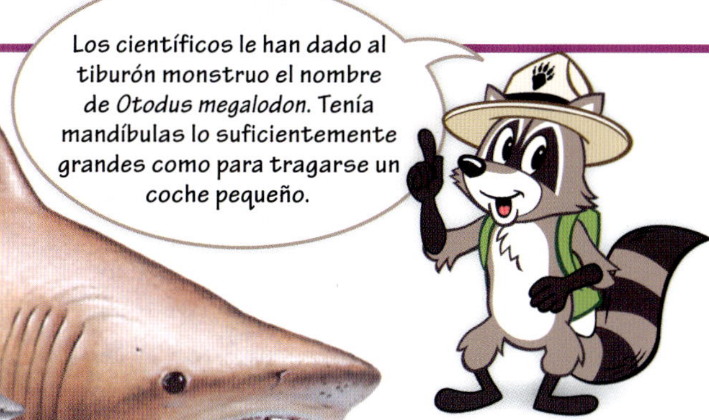

El tiburón blanco es el pez carnívoro más grande del planeta en la actualidad, pero alguna vez hubo tiburones que pueden haber sido ***tres veces más grandes.*** Estos antiguos tiburones tenían dientes de más de 6 pulgadas (15 cm) de largo.

Para darle un gran mordisco a su presa, un tiburón blanco cambia toda la forma de su cabeza mientras ataca. Normalmente la boca se encuentra debajo de la cabeza (1). Pero cuando el tiburón comienza a morder, la boca se mueve hacia la parte delantera de la cabeza (2). El hocico puntiagudo se curva hacia arriba para no tapar la boca y las mandíbulas rotan hacia adelante. Todo el frente de la cabeza ahora es solo una enorme boca abierta. Mientras el tiburón muerde un trozo de carne (3), la boca vuelve a rotar hacia abajo, debajo del cuerpo. Los tiburones no mastican su comida, la tragan entera.

Las especies de tiburones son deliciosamente diferentes. Hay tiburones cortos, tiburones gordos, tiburones flacos y tiburones planos. Hay tiburones azules y tiburones marrones, y tiburones con manchas brillantes por todas partes. Algunos tienen cabezas de aspecto extraño y otros tienen colas de aspecto extraño. Algunos tiburones tienen amigos extraños y otros se comportan de manera extraña.

Pez sierra de dientes pequeños
Pristis pectinata

Mantarraya
Mobula birostris

Raya eléctrica con ojos
Torpedo torpedo

Los parientes más cercanos de los tiburones son las mantas y las rayas. Al igual que los tiburones, estos peces tienen esqueletos hechos de cartílago. La mayoría de ellos viven en el fondo del océano.

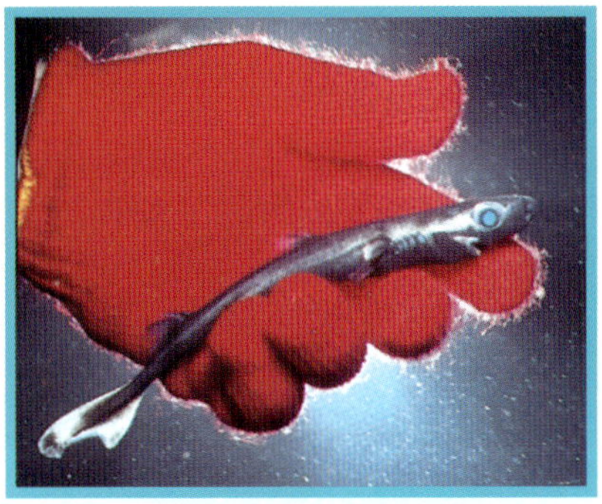

Varios de los tiburones más pequeños conocidos sólo crecen hasta alcanzar entre 4 y 6 pulgadas (10–15 cm) de largo. Podrías sostenerlos fácilmente en la mano.

Los tiburones ballena son los más grandes de todos. Pueden medir 60 pies (18 m) de largo y pesar más de 40,000 libras (18,144 kg). Pero estos gigantes suelen ser criaturas gentiles. Obtienen toda su comida filtrando pequeños animales del agua. Rara vez comen algo más grande que un pececillo.

Hasta los tiburones tienen "amigos". Son peces llamados rémoras que se adhieren a la piel del tiburón. Las rémoras tienen ventosas especiales en la parte superior de sus cabezas para sujetarse a la piel. Utilizan su boca para limpiar la piel y a cambio se les permite comer parte de la comida que atrapan los tiburones.

La mayoría de los tiburones sólo pueden vivir en agua salada, pero hay algunos que pueden sobrevivir tanto en agua salada como en agua dulce. Los tiburones sarda como éste se encuentran a menudo nadando río arriba, lejos del mar.

Las rayas y las mantas son en realidad tiburones que se han aplanado. Las branquias están en la parte inferior del cuerpo en lugar de en los lados.

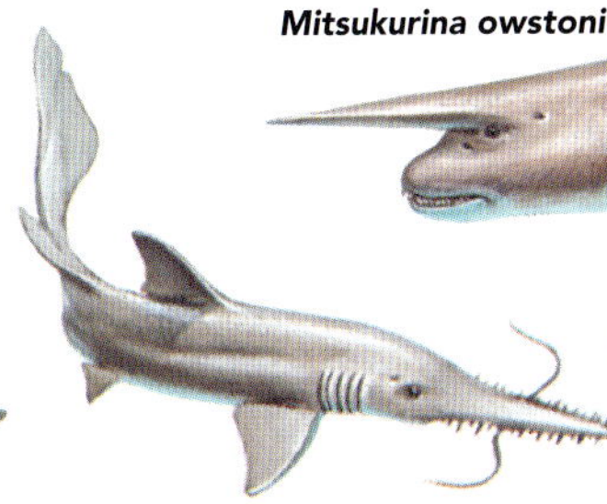

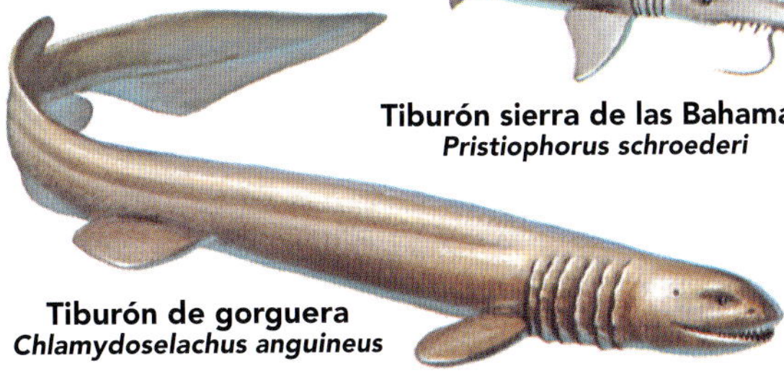

Algunos tiburones no parecen tiburones. Estos tiburones son miembros de las familias de tiburones más antiguas. Se ven como los tiburones que vivieron hace millones de años. Tienen seis o siete branquias a cada lado del cuerpo.

Algunos tiburones viven en el fondo del mar. Al igual que otros animales que viven en el fondo, a menudo tienen patrones en la piel que dificultan verlos. El tiburón alfombra incluso tiene flecos en la cabeza que parecen hierbas. Este tiburón se esconde en el fondo del océano y espera que aparezca su presa. En Australia, al tiburón alfombra lo llaman wobbegong.

Los peces piloto también acompañan a los tiburones. Al igual que las rémoras, comen los restos que dejan los tiburones. Pero no hacen nada para que el tiburón pague sus comidas gratis.

Los tiburones zorro utilizan sus enormes colas para agrupar a los peces antes de comérselos. La cola puede incluso balancearse como un látigo para aturdir a sus presas. Esta maravillosa cola puede medir la mitad del largo total de un tiburón zorro: hasta 10 pies (3 m) de largo.

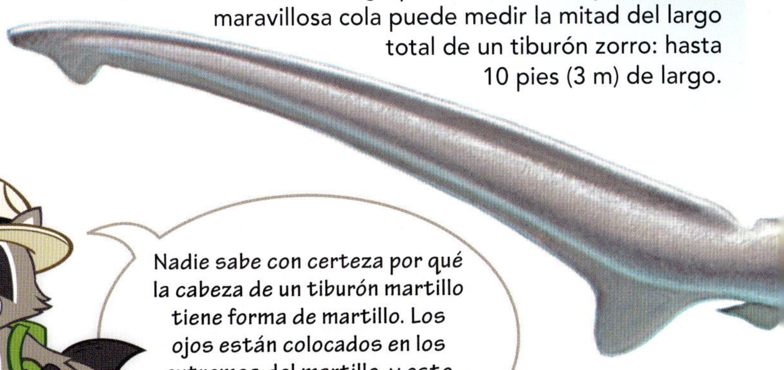

Todo el tiempo se descubren datos curiosos sobre los tiburones. Y cuanto más aprendemos sobre ellos, más nos sorprendemos. Por ejemplo, ¿sabías que el órgano más grande del cuerpo de un tiburón ***no*** es el estómago? Y a pesar de la gran reputación que tienen los tiburones por comer, hay al menos algunas cosas que ***no pueden*** comer.

Los tiburones blancos son criaturas curiosas. Muestran mucho interés en cosas que no pertenecen a su entorno, como los globos que los pescadores deportivos usan para mantener sus anzuelos debajo de la superficie. Una vez ignoraron un señuelo con forma de foca para revisar un trozo de madera flotante. Estos objetos pueden ser golpeados o incluso pellizcados, pero les causan poco daño.

Algunos tiburones nacen de huevos. Los huevos son gruesos y gomosos para proteger a las crías que se encuentran en el interior. Muchos de los huevos tienen cuerdas, como el de arriba. Las cuerdas se enredan con las algas o los corales e impiden que los huevos se vayan flotando.

La mayoría de los tiburones nacen vivos. Salen de sus madres completamente formados y listos para empezar a cazar alimento. Los tiburones nodriza como éste suelen tener entre 20 y 30 crías, cada una de ellas de aproximadamente 1 pie (30 cm) de largo. Los tiburones tigre pueden tener hasta 80 crías a la vez.

El hígado de un tiburón peregrino puede pesar más de 1,800 libras (815 kg) y puede contener ***600 galones (2,270 L)*** de aceite.

El hígado es el órgano más grande del cuerpo de un tiburón. Puede representar el 25 por ciento del peso total de un tiburón.

Hay algunas cosas que un tiburón no puede comer. Una de ellas es un pez pequeño llamado lenguado de Moisés. Cuando un tiburón muerde un lenguado, éste libera una sustancia química en la boca del tiburón. Los tiburones odian tanto este químico que inmediatamente sueltan el lenguado y se alejan nadando. Los científicos están intentando producir esta sustancia química en un laboratorio para que pueda usarse para mantener a los tiburones alejados de las personas.

Otra cosa que un tiburón no puede digerir es un pez globo. Estos pequeños peces parecen buenos para comer, pero si se inflan como un globo dentro del tiburón, ¡habrá problemas! Debido a sus afiladas espinas, el pez globo puede quedar atascado en la garganta del tiburón y eventualmente provocarle la muerte.

Todo el mundo ha oído historias de terror sobre tiburones. Las películas y los libros hacen que parezca que hay un gran tiburón esperando morder a cada bañista que entra al agua.

Pero la realidad es muy diferente. La cantidad de personas realmente atacadas por tiburones es muy pequeña. Y la mayoría de las personas que son atacadas no mueren. Parece que a los tiburones no les gusta el sabor de la gente y, por lo general, desaparecen después de dar un solo bocado.

Por otro lado, la gente mata millones de tiburones cada año. Durante siglos, la gente ha utilizado a los tiburones para alimento, vitaminas, maquillaje, fertilizantes y otras cosas.

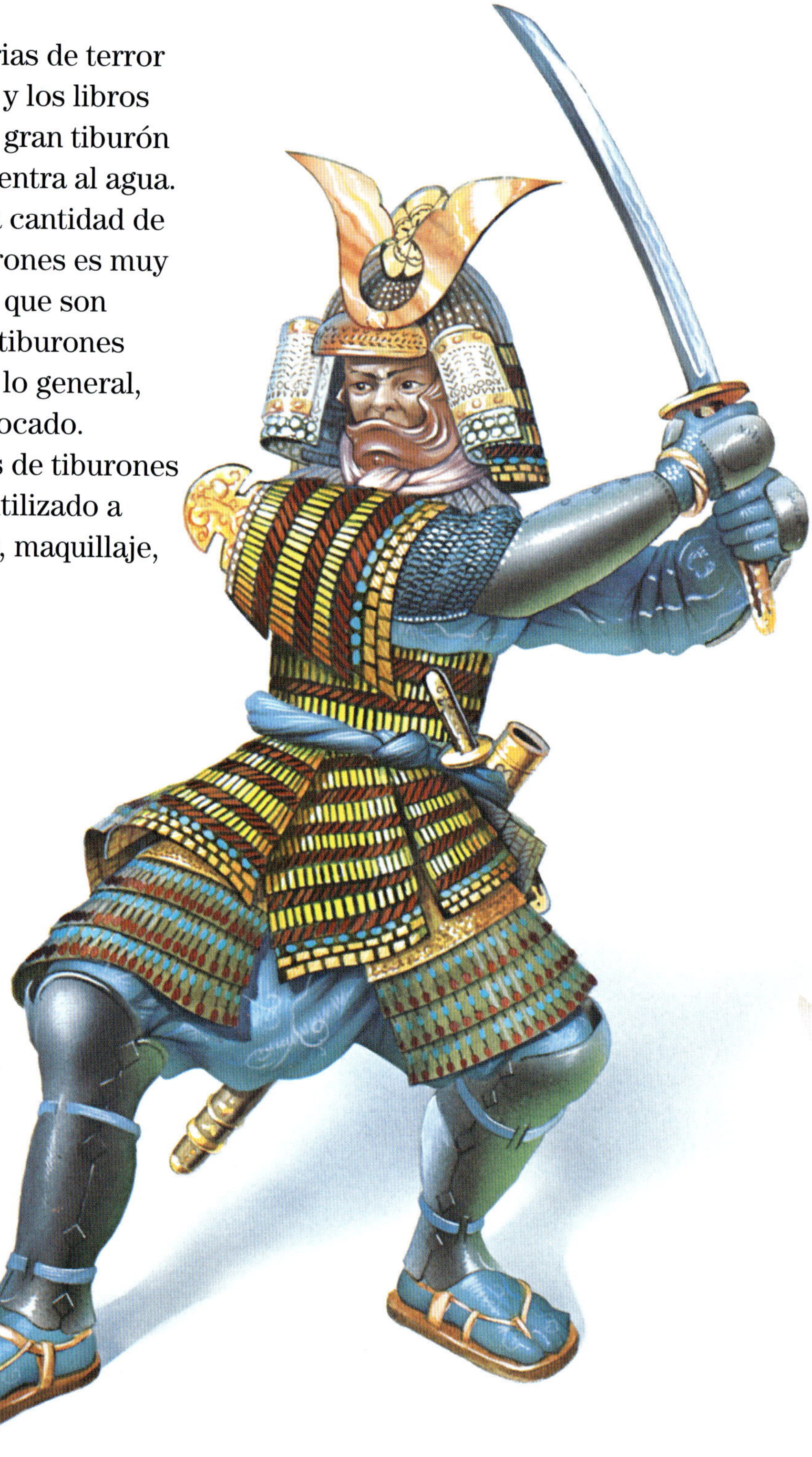

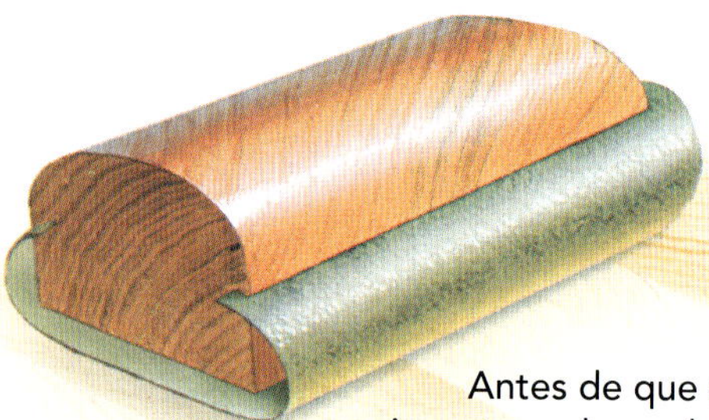

Antes de que se inventara el papel de lija, la gente usaba la piel áspera de los tiburones para alisar y pulir la madera. Los guerreros japoneses envolvían las empuñaduras de sus espadas con la piel para evitar que se les resbalaran de las manos.

Los nativos americanos de Florida utilizaban los dientes afilados y duros de los tiburones blancos como puntas de flecha. Los nativos de muchas islas del océano Pacífico utilizaban dientes de tiburón para fabricar arpones y armas.

En los tiempos modernos también utilizamos tiburones. Incluso cuando el tiburón es una especie en peligro de extinción, puede terminar como pescado y patatas fritas en el plato de alguien.

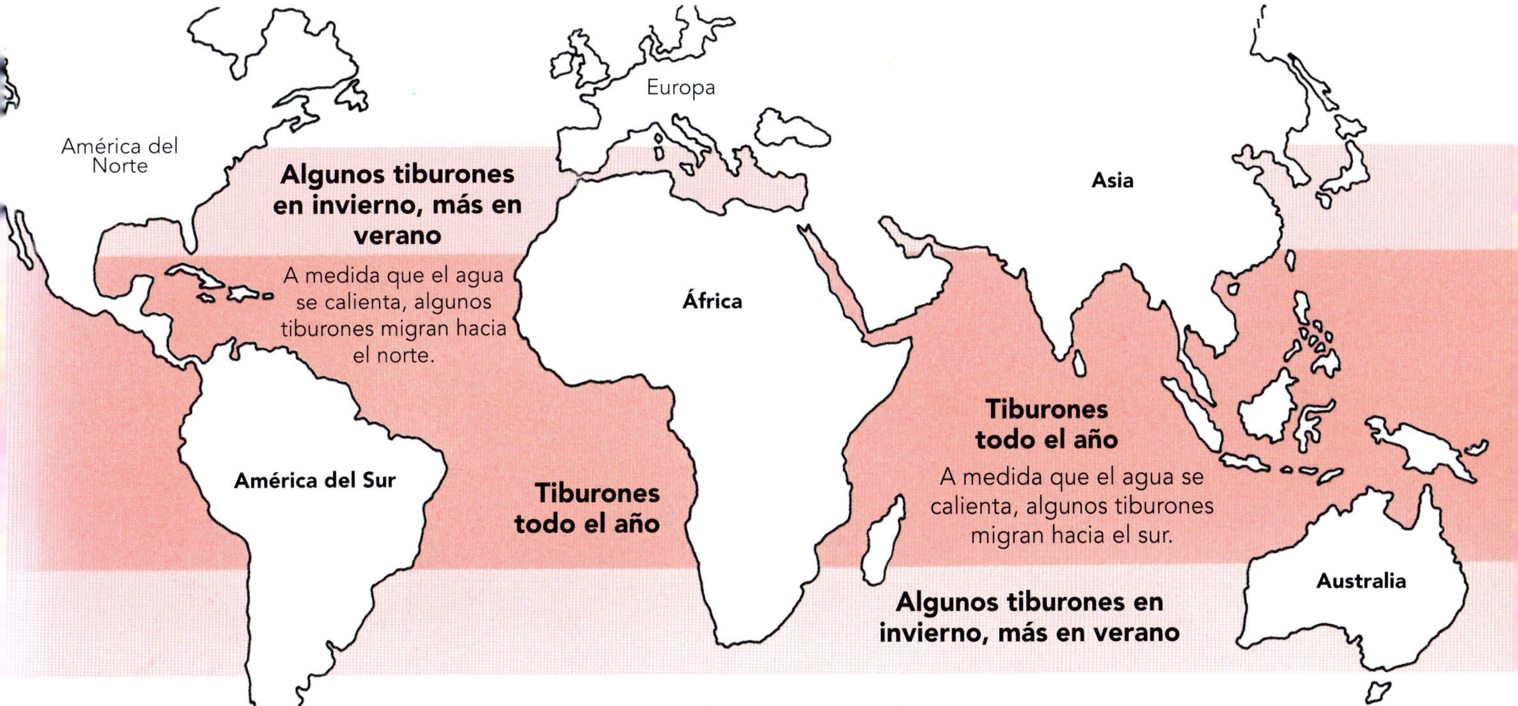

La mayoría de los ataques de tiburones ocurren durante el verano. Esto se debe a que a las personas y a muchas especies de tiburones les gusta el agua cálida. Cuando llega el verano, la gente va a nadar —y los tiburones a menudo migran a las mismas aguas cálidas.

PREGUNTA:

¿Qué es más peligroso para las personas: un tiburón o una abeja?

RESPUESTA:

Una abeja. Las picaduras de abejas matan a más personas que los tiburones. Cada año, cientos de millones de personas van a nadar a los océanos del mundo, pero solo se informa que alrededor de 6 personas mueren cada año a causa de los tiburones.

Los tiburones vienen en todas las formas y tamaños — y también tienen muchos comportamientos extraños diferentes. ¿Has oído hablar del tiburón charretera? Utilizan sus aletas para "caminar" sobre la tierra o sobre el fondo del mar. ¡Sigue leyendo!

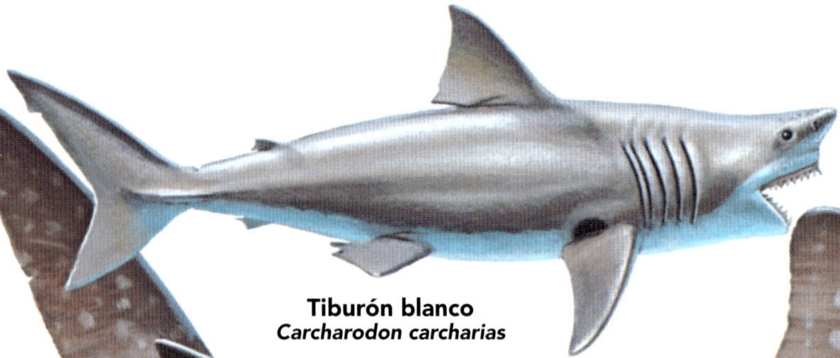

Tiburón blanco
Carcharodon carcharias

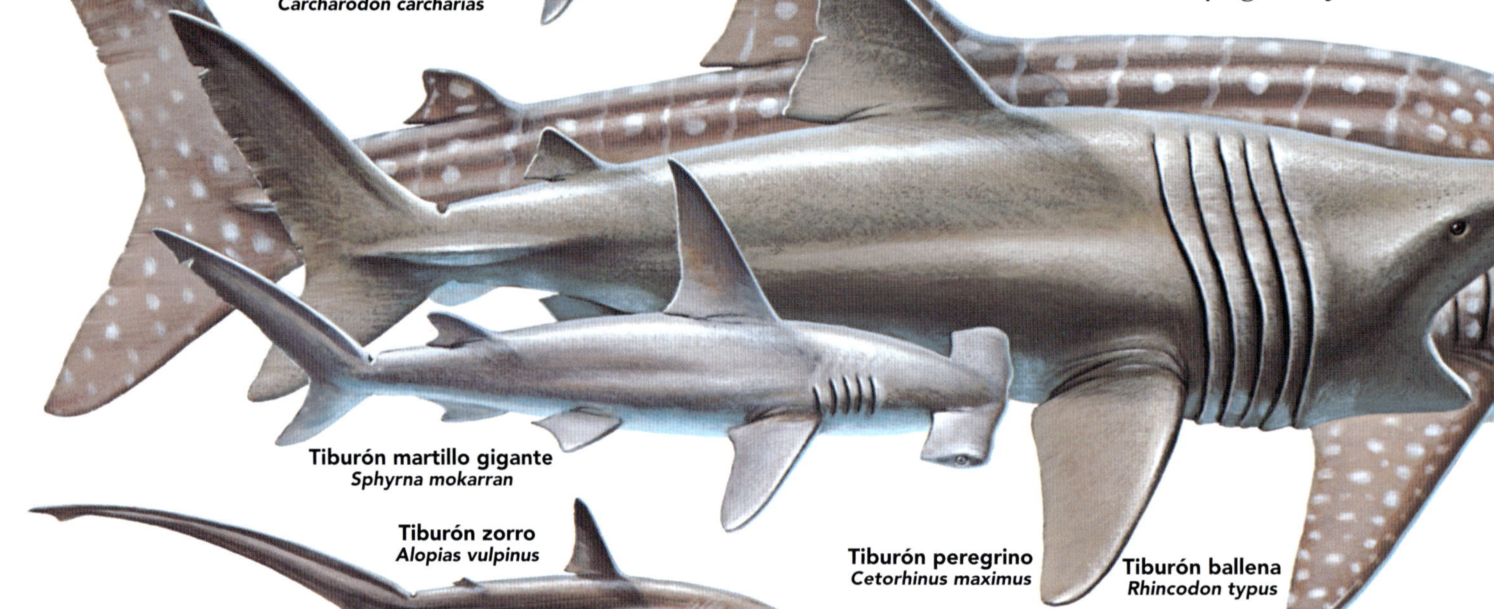

Tiburón martillo gigante
Sphyrna mokarran

Tiburón peregrino
Cetorhinus maximus

Tiburón ballena
Rhincodon typus

Tiburón zorro
Alopias vulpinus

Un **tiburón duende** puede hacer un truco muy espeluznante. ¡Cuando quiere atrapar una presa, lanza sus dientes y encías por el frente de su boca! Los dientes y las encías vuelven inmediatamente a su lugar en la boca una vez que se ha agarrado la presa. Esto sucede ***muy*** rápido.

Tiburón duende
Mitsukurina owstoni

Tiburón cuerno
Heterodontus francisci

Los tiburones cuerno miden alrededor de 4 pies (1.2 m) de largo y se esconden en el fondo del mar. Se dice que si un tiburón cuerno es tragado por un tiburón más grande, utilizará los "cuernos" o espinas en la parte delantera de su aleta dorsal para apuñalar al tiburón depredador ***desde adentro***. ¡Si tiene suerte, el tiburón más grande lo escupirá!

Tiburón tigre
Galeocerdo Cuvier

El **tiburón tigre** frecuenta las cálidas aguas tropicales de todo el mundo. Sus mandíbulas son fuertes y sus dientes están hechos para cortar grandes tortugas marinas, otros tiburones, ballenas, delfines, focas y leones marinos. Este tiburón es carroñero además de cazador. Cualquier cosa que se caiga de un barco, ya sea una vaca, una oveja o un ser humano, es presa fácil para el tiburón tigre.

Tiburón tigre de arena
Carcharias taurus

El **tiburón tigre de arena** es un eructador. Traga aire en la superficie del agua y luego eructa. Esto evita que se hunda si deja de nadar. Y ya antes de nacer, este tiburón es feroz. Nace de un huevo mientras éste todavía está dentro de su madre. Crecen varios huevos a la vez, pero el primero o los dos primeros que eclosionan se comen el resto de los huevos antes de que alguno pueda nacer.

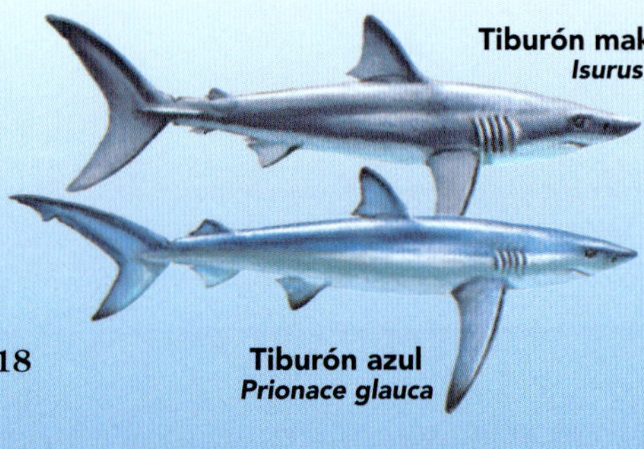

Tiburón mako de aleta corta
Isurus oxyrinchus

Tiburón azul
Prionace glauca

Tiburón leopardo
Triakis semifasciata

Wobbegong adornado
Orectolobus ornatus

Tiburón de gorguera
Chlamydoselachus anguineus

Algunos tiburones son grandes y unos pocos son ***muy*** grandes. Pero la mayoría de los tiburones son en realidad bastante pequeños. De las más de 500 especies de tiburones, alrededor de la mitad miden menos de 3 pies (0.9 m) de largo.

A veces los tiburones grandes nadan en aguas muy poco profundas. Esto puede deberse a que les gusta el agua tibia, y el agua más tibia suele encontrarse cerca de la playa. Cuando las personas nadan en la misma playa, existe la posibilidad de que el tiburón y las personas se encuentren. A los tiburones no les gusta comer personas, pero a veces pueden confundirlas con animales que ***sí*** les gusta comer. Un surfista con un traje de neopreno negro, por ejemplo, se parece mucho a una foca o a un león marino.

Los tiburones no muerden a la gente muy a menudo, pero...

...aun así es una buena idea tener cuidado con los tiburones cuando vas a nadar. Estas son algunas cosas que puedes hacer para asegurarte de que un tiburón nunca te muerda:

1. Nunca confíes en un tiburón. Si ves un tiburón en el agua, sal del agua. Asegúrate de avisar a los demás bañistas que has visto un tiburón, para que también puedan salir del agua.

2. No nades en aguas turbias. Si no puedes ver bajo el agua, no puedes estar seguro de que no haya tiburones alrededor. Recuerda que los tiburones no necesitan verte para encontrarte.

3. Siempre nada con alguien más. Si estás solo, no tendrás a nadie que te ayude si ataca un tiburón. También es cierto que es menos probable que los tiburones ataquen a personas en grupos.

4. Si tienes un corte, quédate fuera del agua hasta que deje de sangrar. Los tiburones pueden oler pequeñas cantidades de sangre desde muy lejos.

5. Si se han visto tiburones por la zona, mantente fuera del agua. Los tiburones suelen permanecer en una zona durante varias semanas, por lo que una vez vistos, hay grandes posibilidades de que todavía estén cerca.

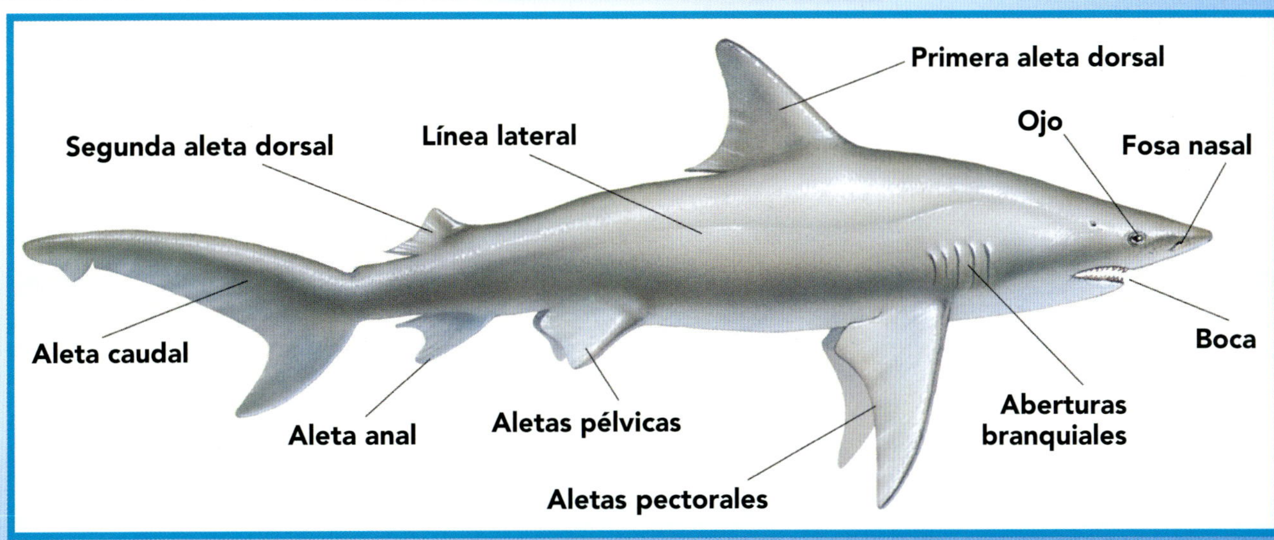

¿Qué nota obtuvo el tiburón en su examen de biología?

1 estrella de mar.

Tiburón gris

Zooworks

Difundir la noticia de que los animales necesitan nuestra ayuda es algo que tú puedes hacer. ¡Una manera de dar a conocer el mensaje es compartiendo tus dibujos, poemas e historias!

Edward F., 11 años

Enzo D., 10 años

Jack P., 7 años

Caroline V., 7 años

The great white shark went to the coral reef. He would dine on delicious fish. When he got there, the fish swam away. He was too slow. He came back at night while the fish slept. He ate some, then went back to his ocean palace.

Por Jacob O., 11 años

Mittie C., 6 años

Kaylee R., 8 años

What's this?
What's this I see?
Something sleek and shadowy.
Something dark and hungry.
Something coming straight at...me!
Swimming fast...faster still.
Still chasing me, chasing me, chasing me.
I swim, I swim fast.
I swim fast enough, it seems
He swims...away.
I am safe, I AM SAFE.
It was, at least I think it was
A SHARK.

Por Samuel W., 9 años

Sloane G., 9 años

Mabel W., 10 años

Glosario

aserrado — Con muescas o dentados en el borde.

branquia — Un órgano que tienen los peces y que se utiliza para obtener oxígeno del agua.

cartílago — Tejido resistente y flexible.

especie — Una clase de individuos que tienen características comunes y comparten un nombre común.

impulso eléctrico — Una señal que viaja a través de los nervios y envía un mensaje al cerebro.

menearse — Torcer y girar el cuerpo con movimientos rápidos de un lado a otro.

órgano — Una estructura dentro del cuerpo hecha de células y tejidos que realiza una función específica.

plancton — Vida animal y vegetal muy pequeña en un océano, lago o río.

sensible — Fácil o fuertemente afectado, impresionado o herido.

vaso sanguíneo — Una serie de tubos dentro del cuerpo que transportan sangre hacia y desde el corazón.

Índice

aletas, 6, 7, 18, 19

bocas, 4, 7, 11, 18, 19

caza, 8, 9, 13, 14, 18

dientes, 4, 5, 6, 7, 10–11, 16, 18

hábitat, 17

mordeduras de tiburón, 10, 16, 19

parientes, 6, 12

peso, 12, 14

presa, 4, 8–9, 10, 11, 13, 18

respiración, 7, 8

sentidos, 8–9, 19

tamaños, 18, 19